This Book Belongs to

____

____

If You Fail
Never Give Up beacuse
F.A.I.L means

First Attempt In Learning

X 0 3 =	X 0 5 =	X 0 4 =
X 0 0 =	X 0 7 =	X 0 9 =
X 0 2 =	X 0 6 =	X 0 1 =
X 0 18 =	X 0 47 =	X 0 35 =

COLOR THE CORRECT ANSWER:

X 1 3 =	X 1 5 =	X 1 4 =
X 1 0 =	X 1 7 =	X 1 9 =
X 1 6 =	X 1 2 =	X 1 1 =
X 1 19 =	X 1 72 =	X 1 35 =

COLOR THE CORRECT ANSWER:

1 X 31 = 31

1 X 26 = 62

Color the Correct Answer with <u>Blue</u>

True Of False

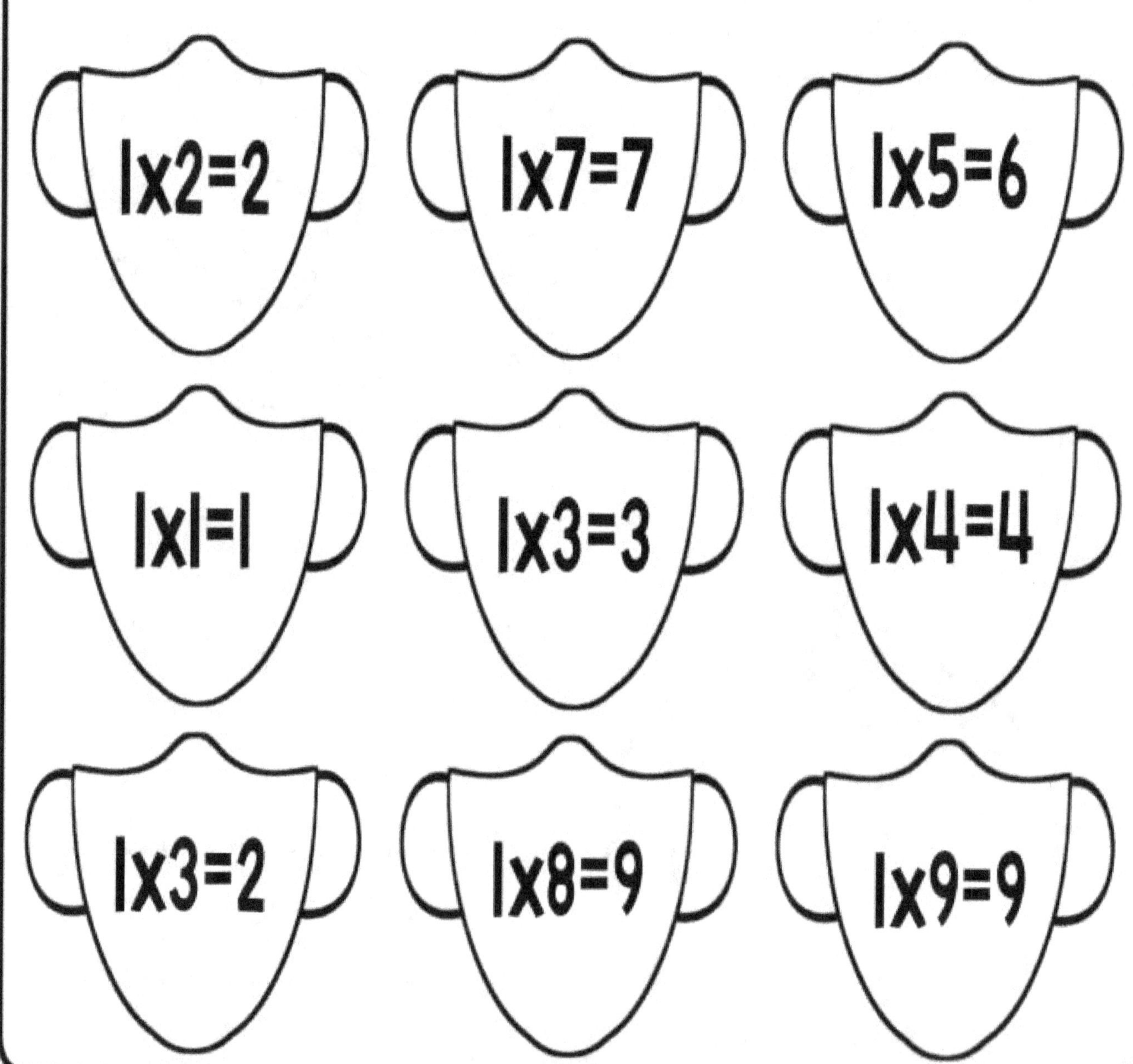

X 2 9 =	X 2 5 =

X 2
9
=

X 2
5
=

X 2
6
=

X 2
0
=

X 2
7
=

X 2
3
=

X 2
4
=

X 2
2
=

X 2
1
=

X 2
19
=

X 2
42
=

X 2
35
=

COLOR THE CORRECT ANSWER:

$2 \times 24 = 58$

$2 \times 15 = 30$

Color the Correct Answer with **Orange**

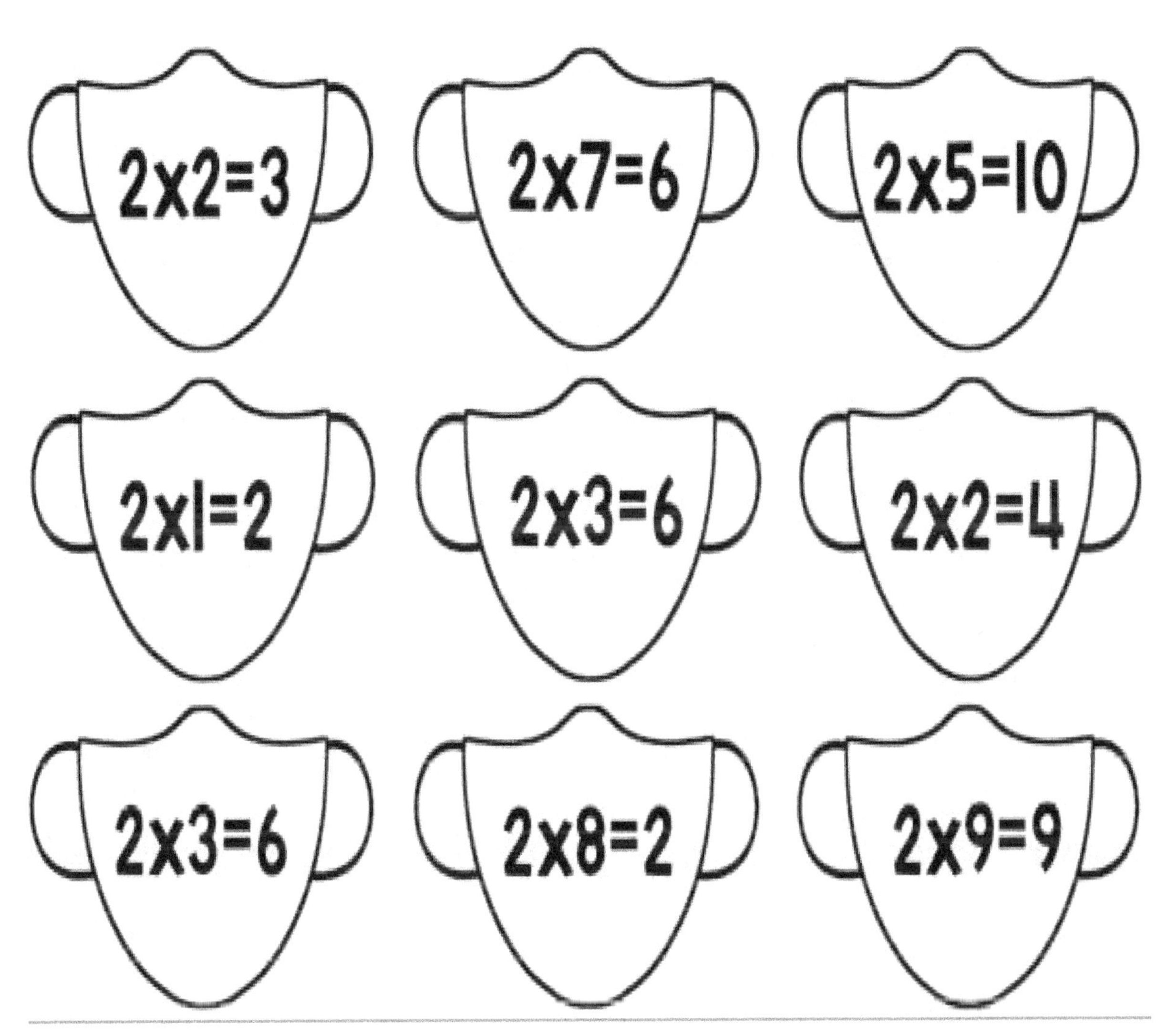

	3			3			3
X			X			X	
	3			5			4
=			=			=	

	3			3			3
X			X			X	
	0			7			9
=			=			=	

	3			3			3
X			X			X	
	6			2			1
=			=			=	

	3			3			3
X			X			X	
	10			52			41
=			=			=	

COLOR THE CORRECT ANSWER:

3 X 15= 45

3 X 20 = 30

Color the Correct Answer with **Brown**

True Of False

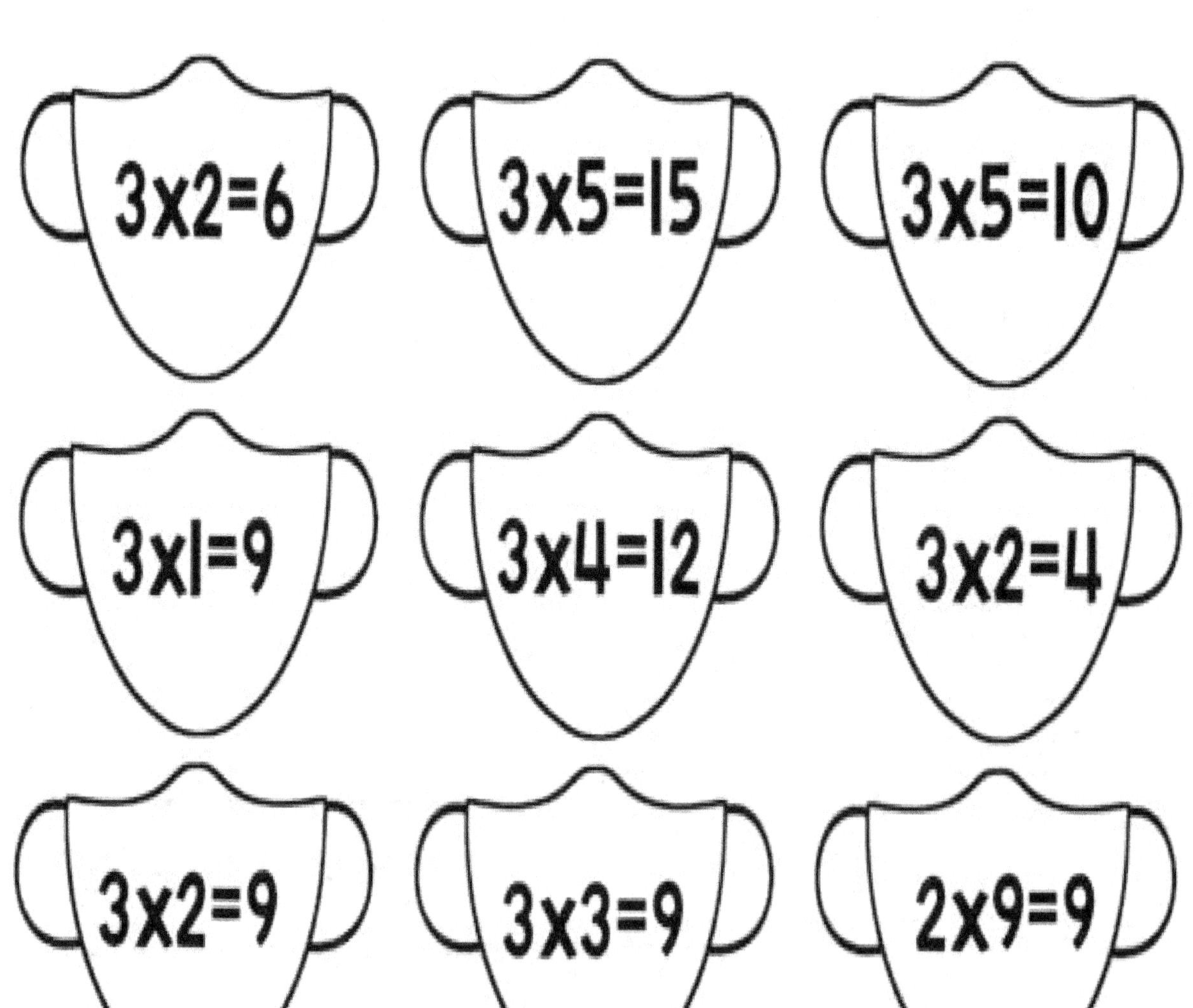

4 X 0 =	4 X 9 =	4 X 6 =
4 X 1 =	4 X 7 =	4 X 5 =
4 X 8 =	4 X 2 =	4 X 3 =
4 X 55 =	4 X 13 =	4 X 82 =

COLOR THE CORRECT ANSWER:

4 X 15= 45

4 X 20 = 80

Color the Correct Answer with **Pink**

True Of False

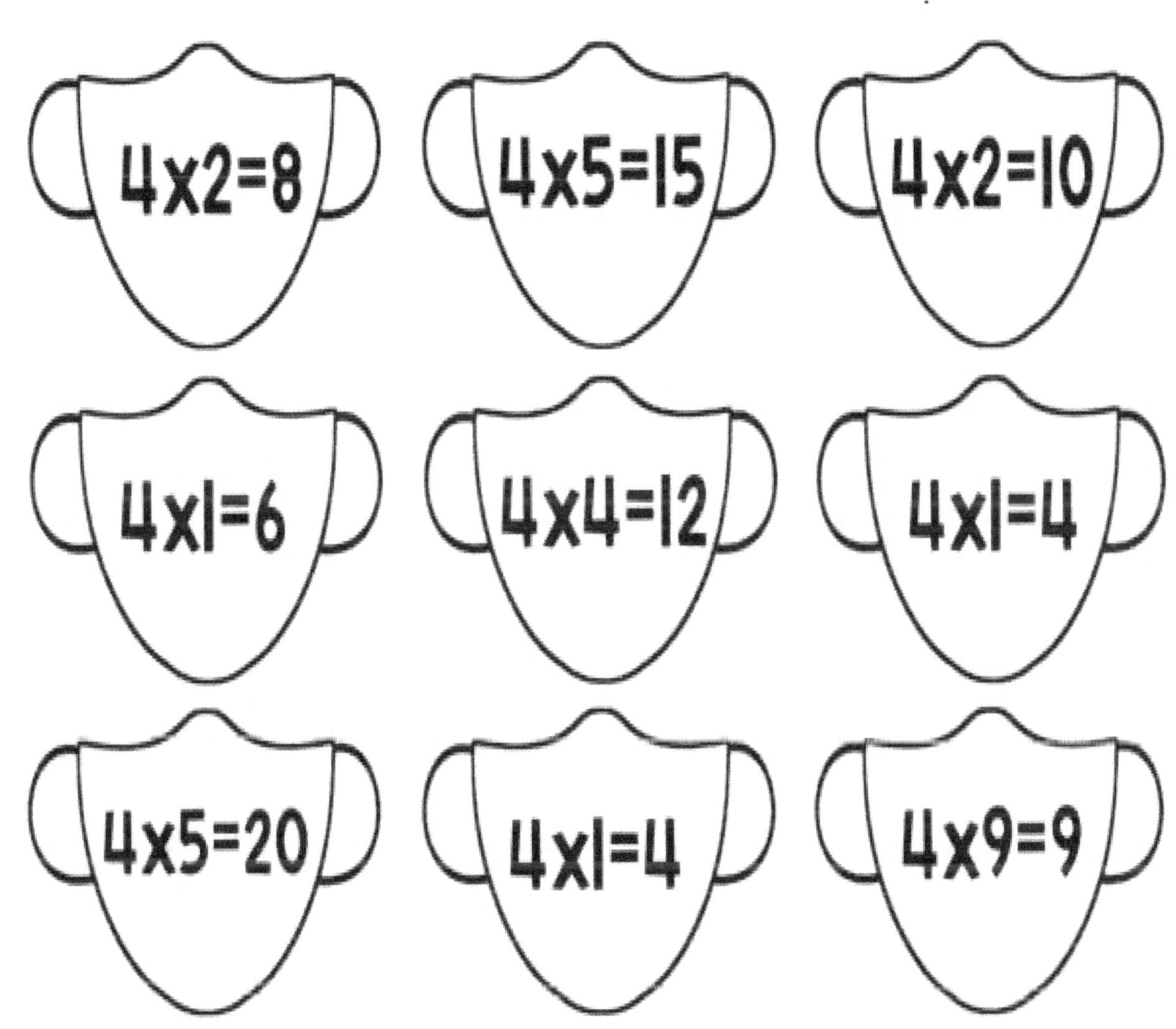

5 × 7 =	

5
X
7
=

5
X
5
=

5
X
6
=

5
X
0
=

5
X
0
=

5
X
9
=

5
X
4
=

5
X
2
=

5
X
1
=

5
X
14
=

5
X
61
=

5
X
39
=

COLOR THE CORRECT ANSWER:

5 X 32= 95

5 X 20 = 100

Color the Correct Answer With <u>Green</u>

True Of False

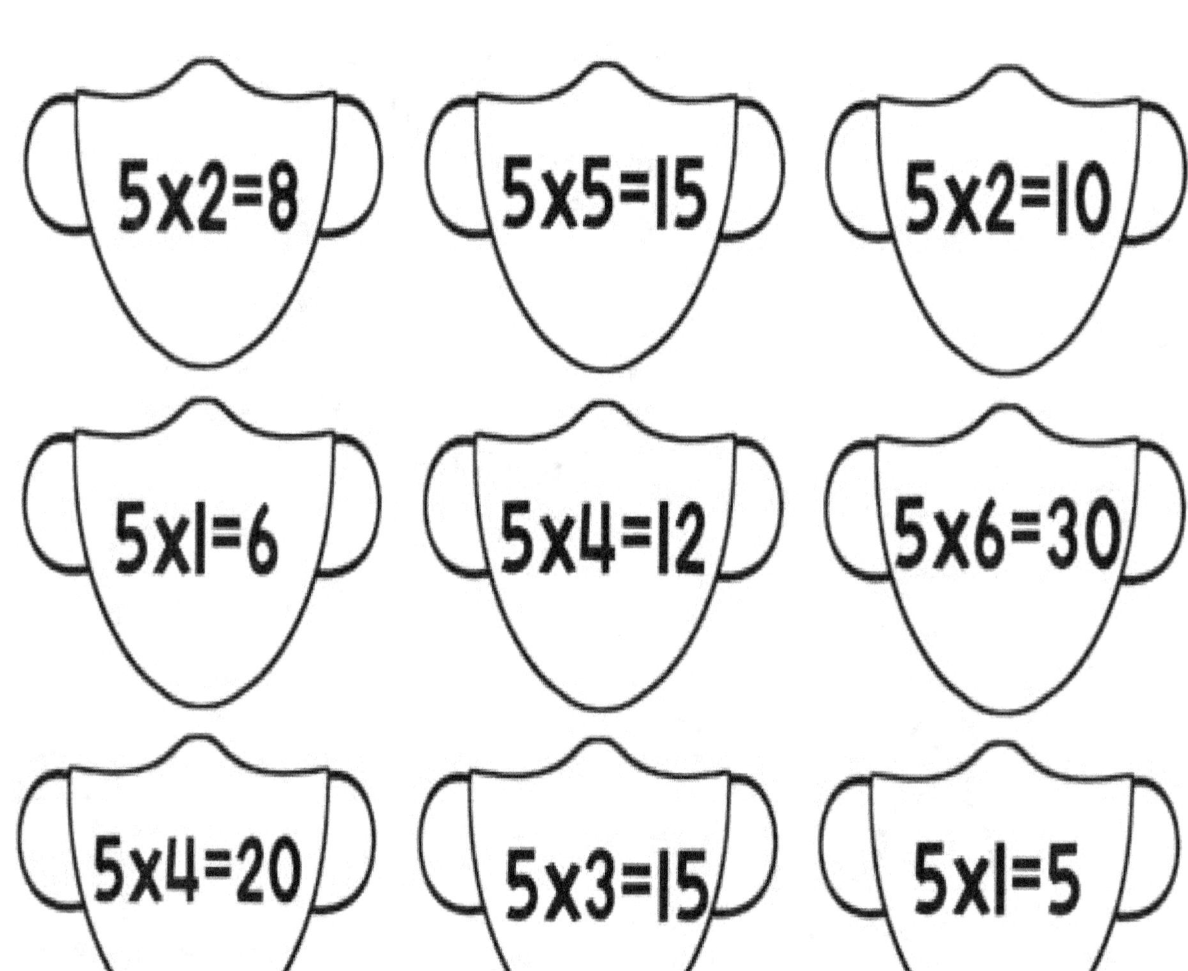

6	6	6
X	X	X
3	5	4
=	=	=

6	6	6
X	X	X
0	7	9
=	=	=

6	6	6
X	X	X
6	2	1
=	=	=

6	6	6
X	X	X
10	74	50
=	=	=

COLOR THE CORRECT ANSWER:

Color the Correct Answer with **Blue**

True Of False

6x2=9

6x5=15

6x2=12

6x2=6

6x4=24

6x1=6

6x5=30

6x3=15

6x1=5

X   7
     7
=
	X 7
	     5
	=
		X 7
		     1
		=

X   7
     0
=
	X 7
	     3
	=
		X 7
		     9
		=

X   7
     6
=
	X 7
	     2
	=
		X 7
		     4
		=

X   7
     98
=
	X 7
	     54
	=
		X 7
		     78
		=

COLOR THE CORRECT ANSWER:

7 X 12 = 72

7 X 4 = 28

Color the Correct Answer with **<u>Yellow</u>**

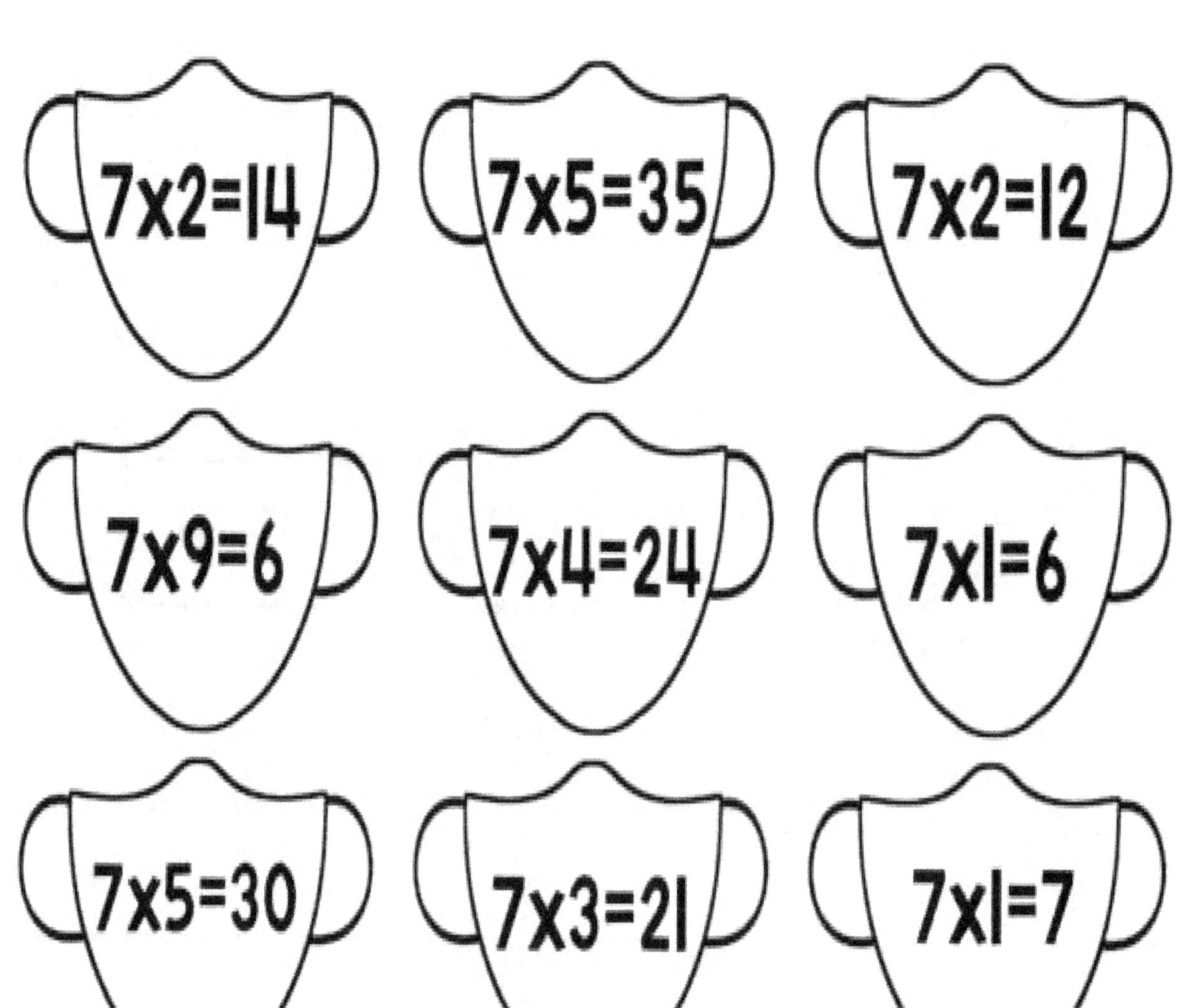

8
X
2
=

8
X
0
=

8
X
3
=

8
X
4
=

8
X
1
=

8
X
9
=

8
X
6
=

8
X
2
=

8
X
5
=

8
X
32
=

8
X
44
=

8
X
91
=

COLOR THE CORRECT ANSWER:

8 X 14 = 71

8 X 12 = 60

Color the Correct Answer with <u>Any Color you want</u>

True Of False

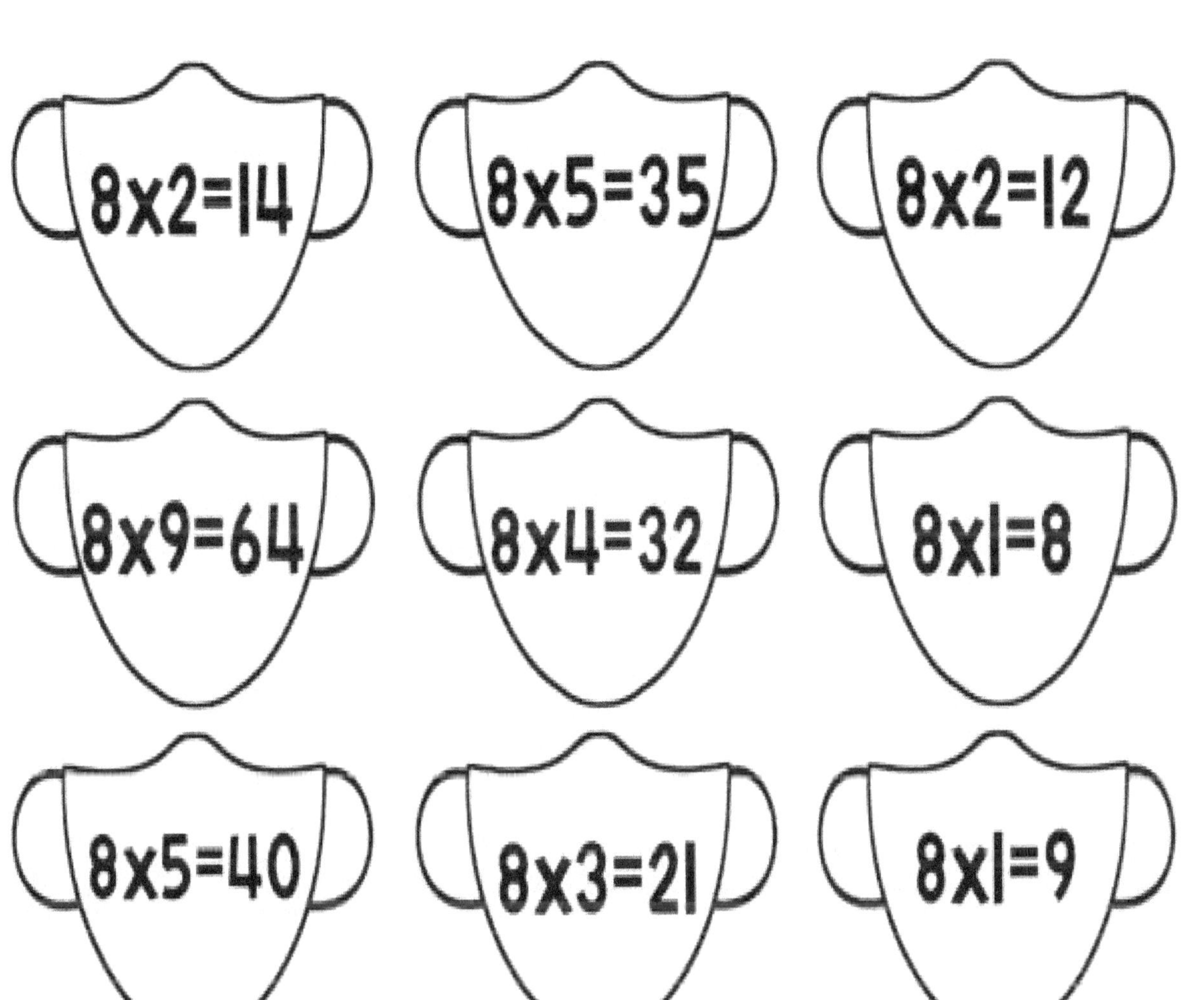

9 X 7 =	9 X 9 =

9 X 7 =

9 X 9 =

9 X 4 =

9 X 6 =

9 X 3 =

9 X 8 =

9 X 5 =

9 X 2 =

9 X 1 =

9 X 80 =

9 X 45 =

9 X 12 =

COLOR THE CORRECT ANSWER:

Color the Correct Answer with **Blue**

True Of False

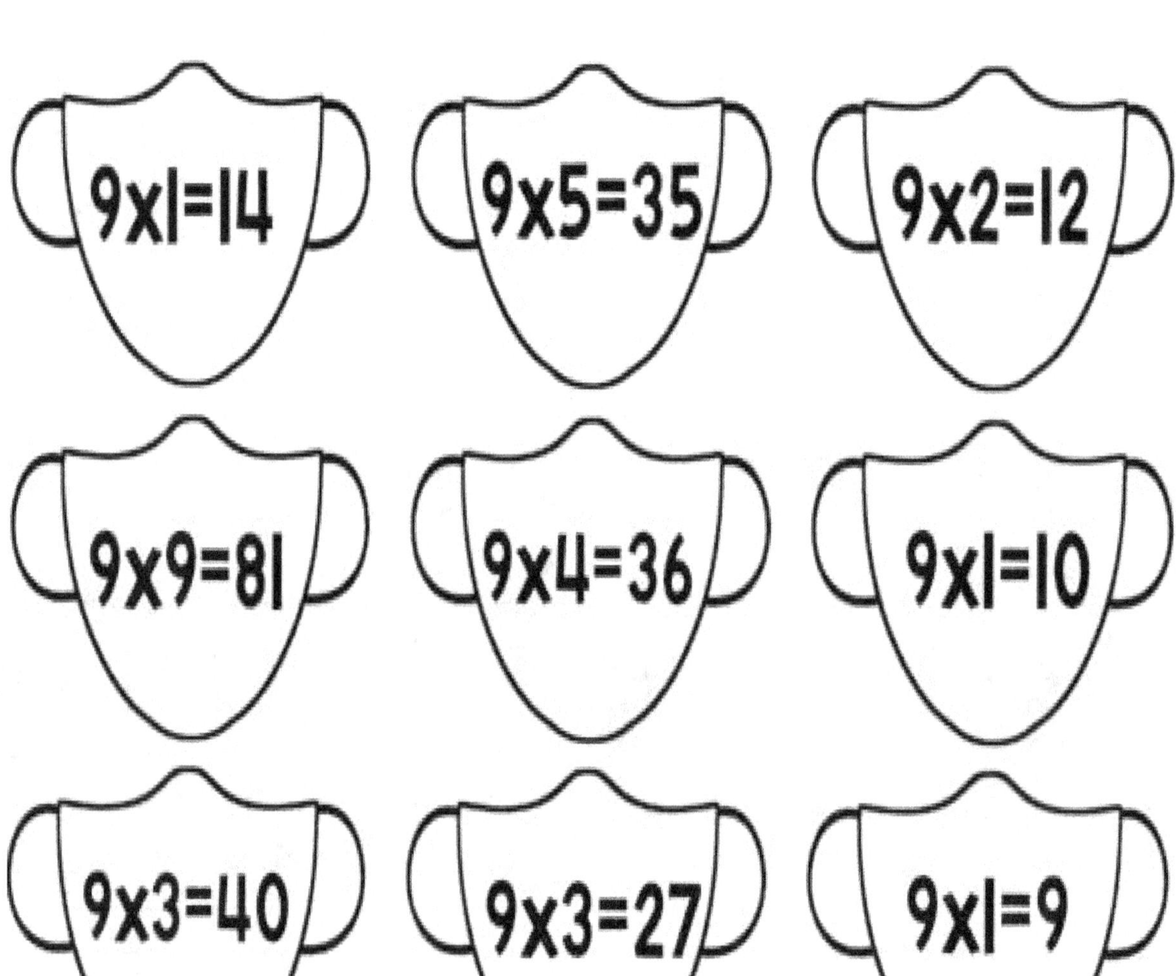

0 X 1 = 0	1 X 1 = 1	2 X 1 = 2
0 X 2 = 0	1 X 2 = 2	2 X 2 = 4
0 X 3 = 0	1 X 3 = 3	2 X 3 = 6
0 X 4 = 0	1 X 4 = 4	2 X 4 = 8
0 X 5 = 0	1 X 5 = 5	2 X 5 = 10
0 X 6 = 0	1 X 6 = 6	2 X 6 = 12
0 X 7 = 0	1 X 7 = 7	2 X 7 = 14
0 X 8 = 0	1 X 8 = 8	2 X 8 = 16
0 X 9 = 0	1 X 9 = 9	2 X 9 = 18

3 X 1 = 3	4 X 1 = 4	5 X 1 = 5
3 X 2 = 6	4 X 2 = 8	5 X 2 = 10
3 X 3 = 9	4 X 3 = 12	5 X 3 = 15
3 X 4 = 12	4 X 4 = 16	5 X 4 = 20
3 X 5 = 15	4 X 5 = 20	5 X 5 = 25
3 X 6 = 18	4 X 6 = 24	5 X 6 = 30
3 X 7 = 21	4 X 7 = 28	5 X 7 = 35
3 X 8 = 24	4 X 8 = 32	5 X 8 = 40
3 X 9 = 27	4 X 9 = 36	5 X 9 = 45

6 X 1 = 6	7 X 1 = 7	8 X 1 = 8
6 X 2 = 12	7 X 2 = 14	8 X 2 = 16
6 X 3 = 18	7 X 3 = 21	8 X 3 = 24
6 X 4 = 24	7 X 4 = 28	8 X 4 = 32
6 X 5 = 30	7 X 5 = 35	8 X 5 = 40
6 X 6 = 36	7 X 6 = 42	8 X 6 = 48
6 X 7 = 42	7 X 7 = 49	8 X 7 = 56
6 X 8 = 48	7 X 8 = 56	8 X 8 = 64
6 X 9 = 54	7 X 9 = 63	8 X 9 = 72

9 X 1 = 9
9 X 2 = 18
9 X 3 = 27
9 X 4 = 36
9 X 5 = 45
9 X 6 = 54
9 X 7 = 63
9 X 8 = 72
9 X 9 = 81

Remember

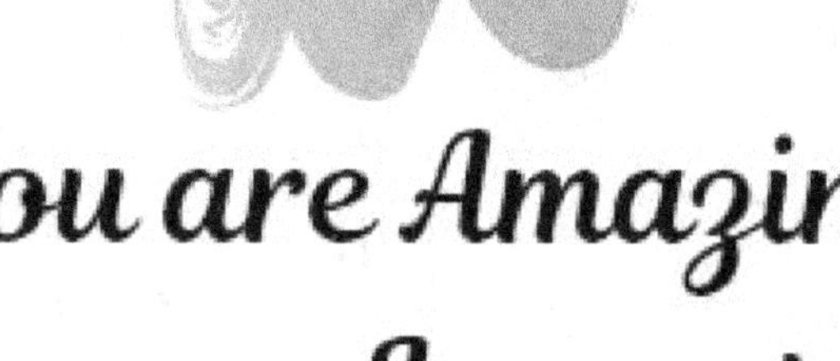

You are Amazing
You are Important
You are Special
You are Loved